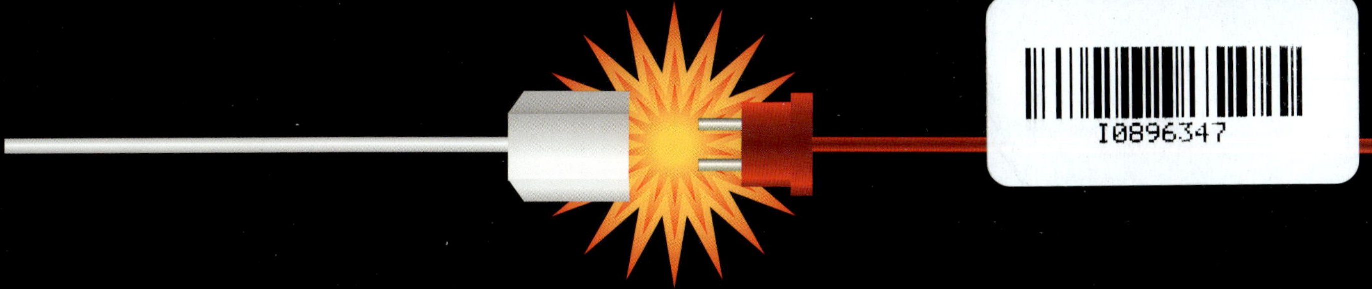

Mi mundo y la ciencia: Nivel 2

ELECTRICIDAD DIARIA,

IMPACTANTE PERO REAL

Julie K. Lundgren

Traducción de Sophia Barba-Heredia

Un libro de El Semillero de Crabtree

CRABTREE
Publishing Company
www.crabtreebooks.com

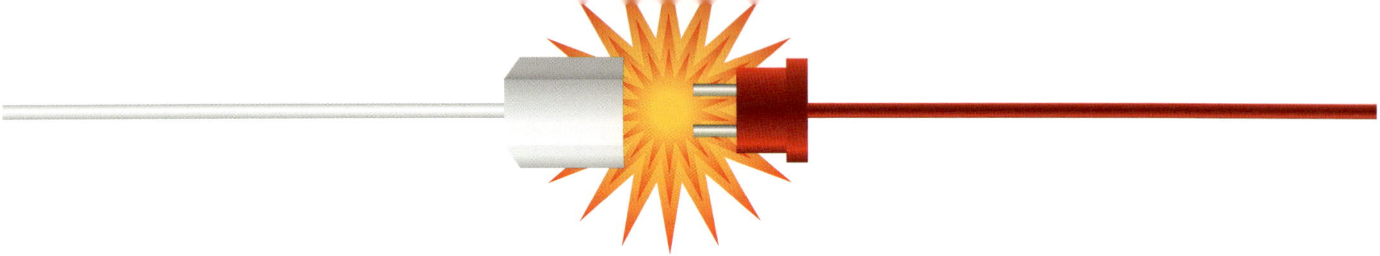

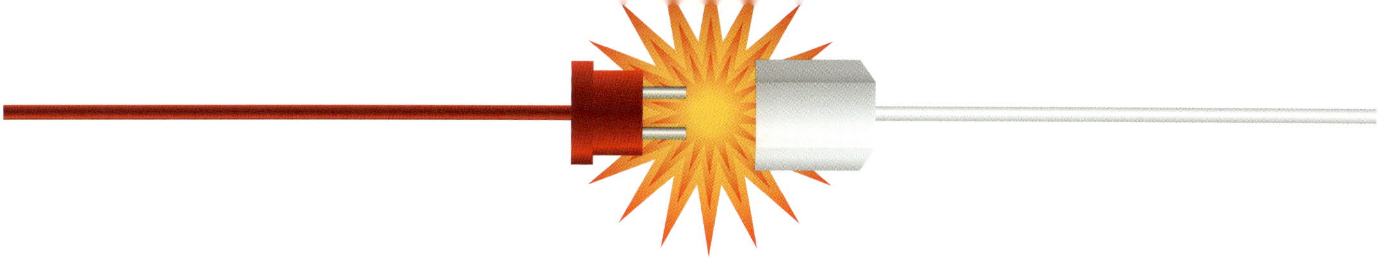

ÍNDICE

¿QUÉ ES LA ELECTRICIDAD?

La **electricidad** es **energía**. Usamos la electricidad en nuestras casas, escuelas y hospitales.

¡ZAZ! Un relámpago cruje en el cielo.

El relámpago es **electricidad estática**.

La electricidad estática se queda en un lugar. Hace que los calcetines se peguen a la ropa cuando salen de la secadora. Hace un sonido crepitante cuando te quitas el suéter.

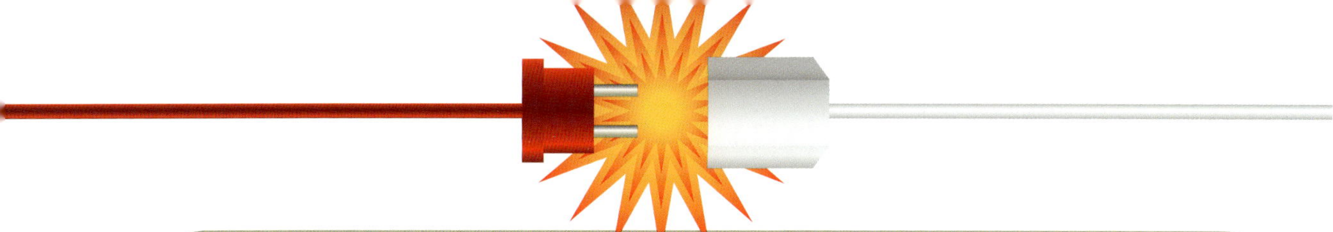

¡INVESTIGA!

Frota firmemente un globo contra lo alto de tu cabeza por 15 segundos. Déjalo ir lentamente. ¿Qué pasa? ¿El globo se mantiene en tu cabello? ¡Buen trabajo! Creaste electricidad estática.

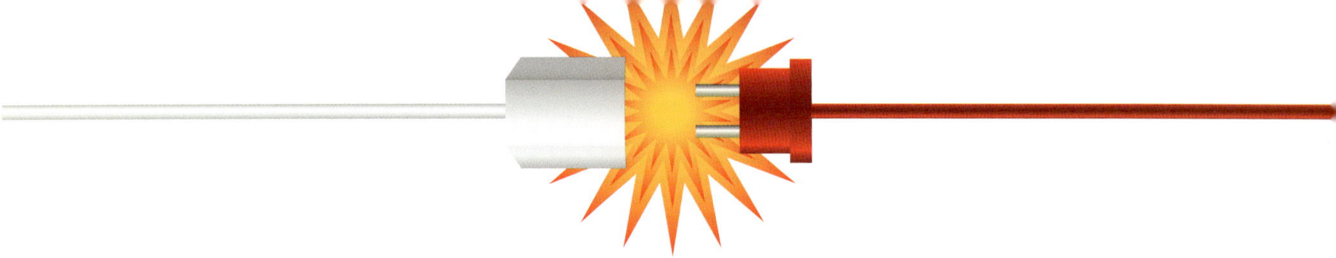

Usamos **corriente eléctrica** para encender luces, producir calor y hacer que las máquinas funcionen.

ARRET
OFF
7 Speeds - 7 Vitesses
PULSE

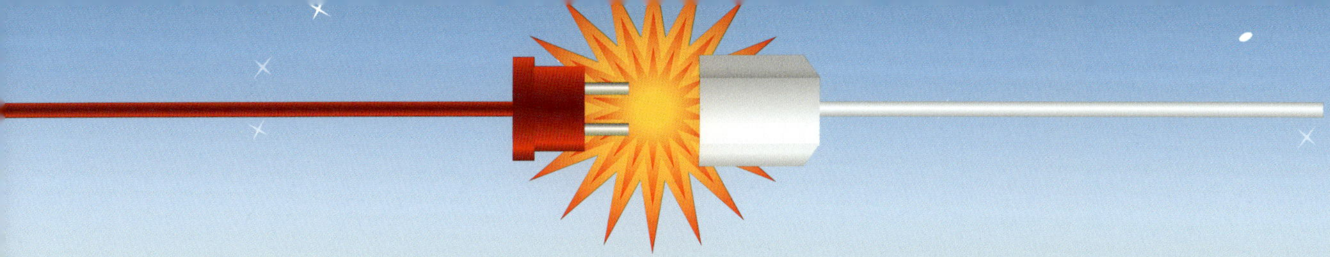

La corriente eléctrica viaja a nuestras escuelas, casas y tiendas por medio de cables.

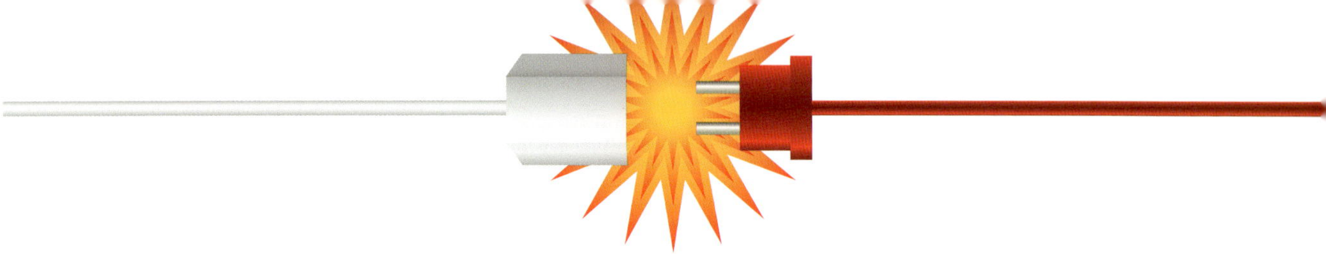

CIRCUITOS

La corriente eléctrica se mueve a través de un **circuito** o bucle. Un circuito simple conecta una fuente de poder, como una **batería**, a una luz o máquina y de vuelta.

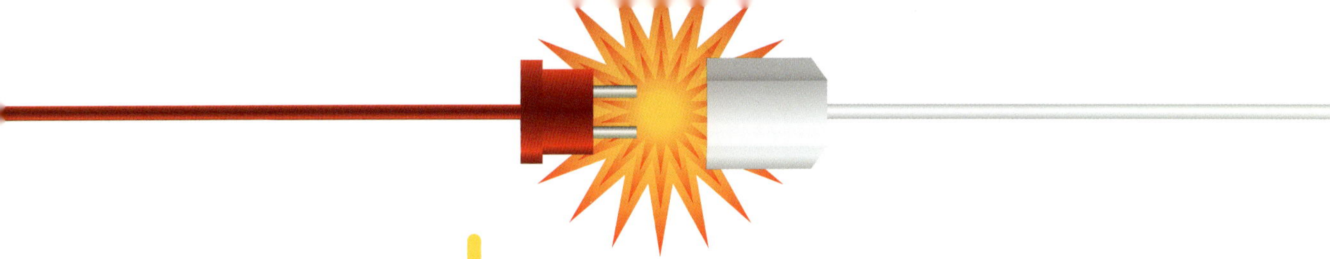

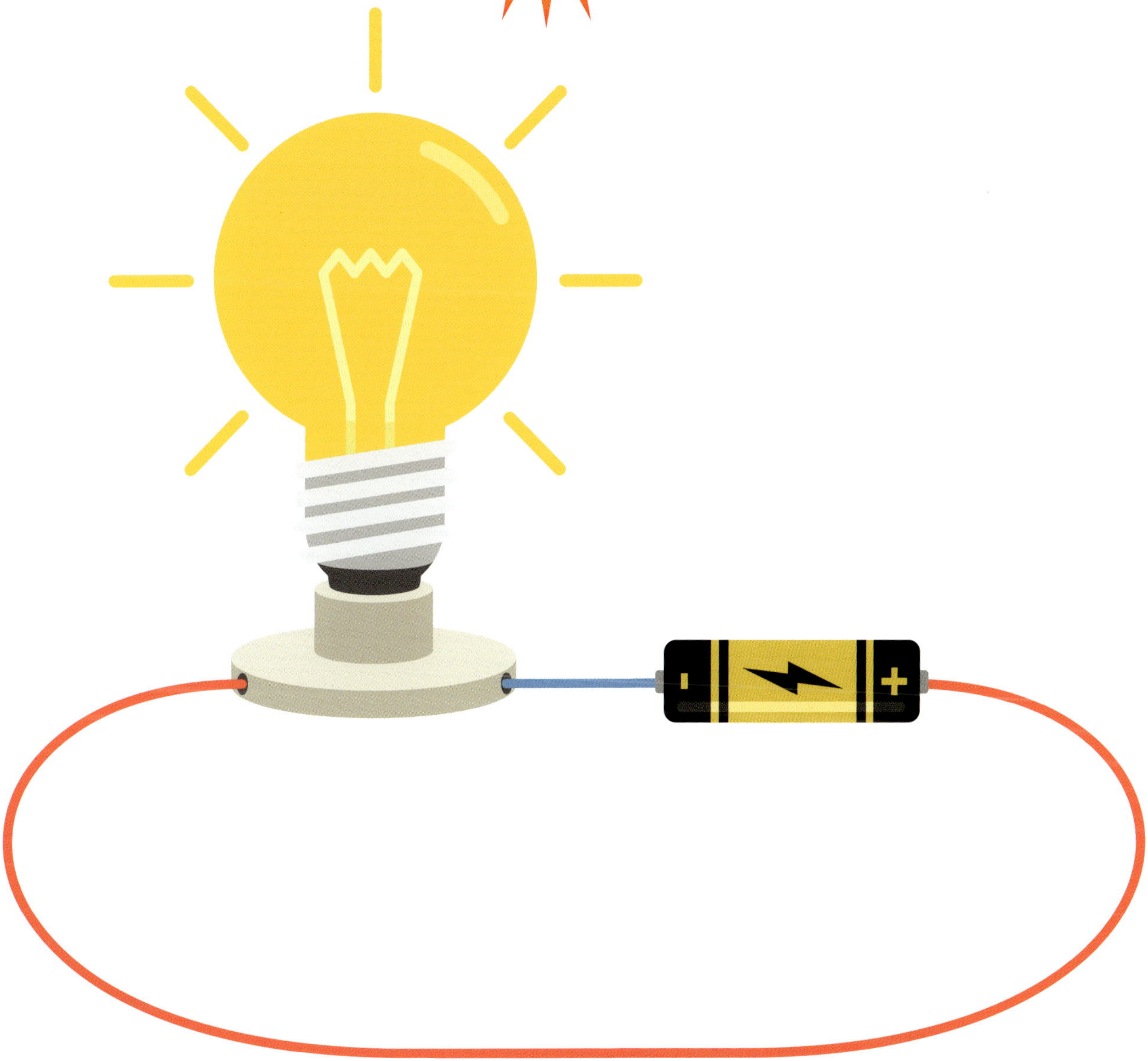

Las plantas eléctricas producen una gran cantidad de electricidad y son parte de grandes circuitos.

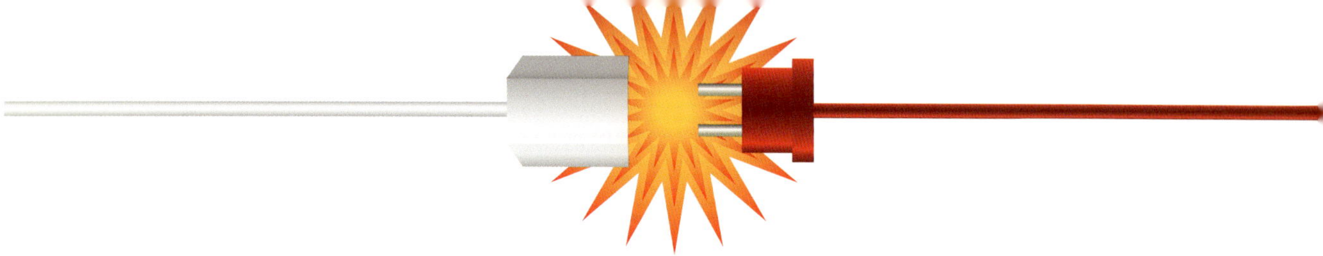

Los circuitos solo funcionan

si hacen un bucle completo.

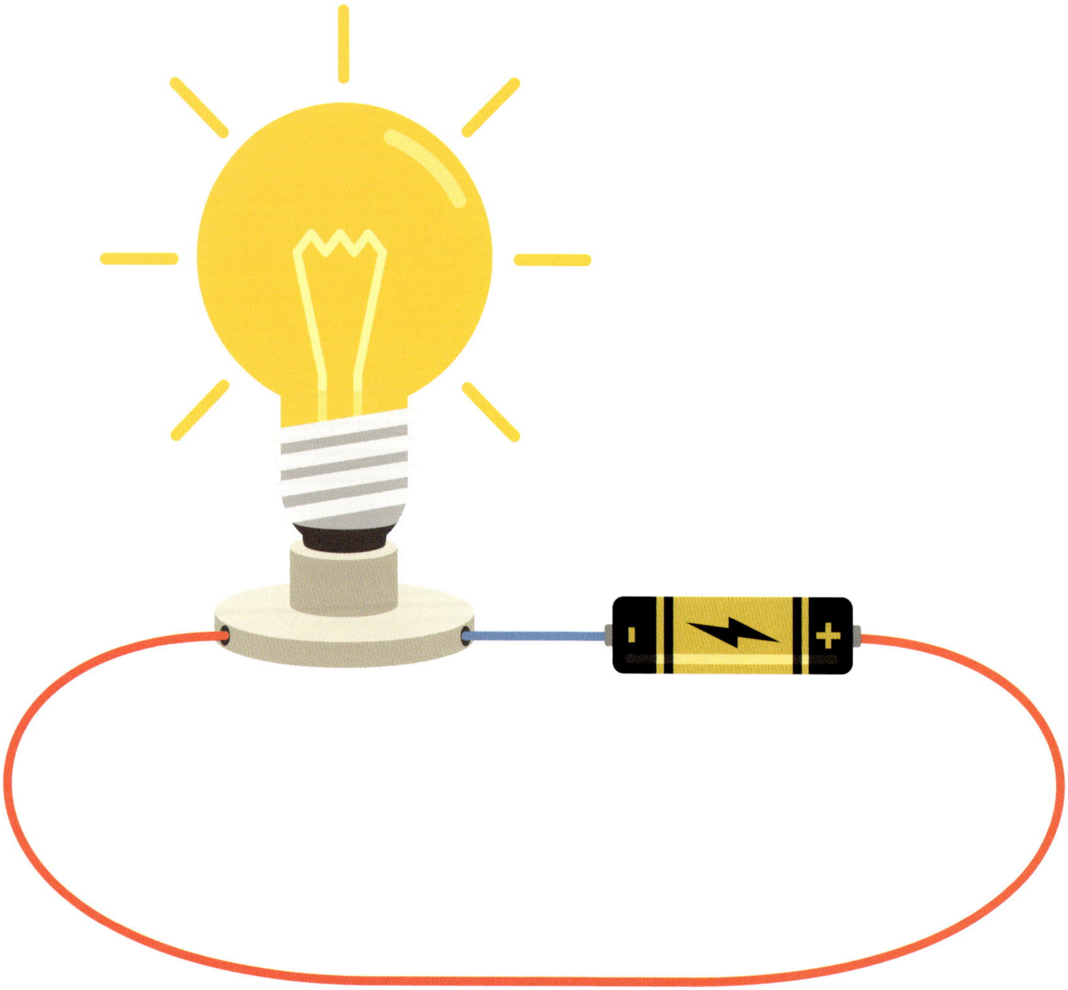

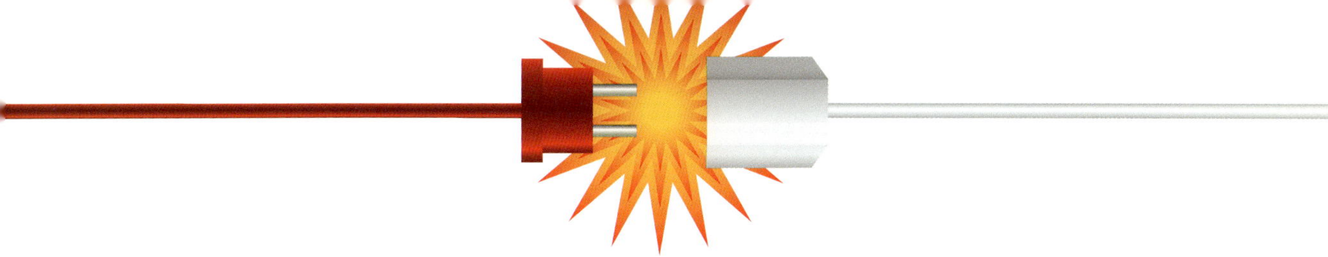

Si el bucle está roto, el circuito no funciona.

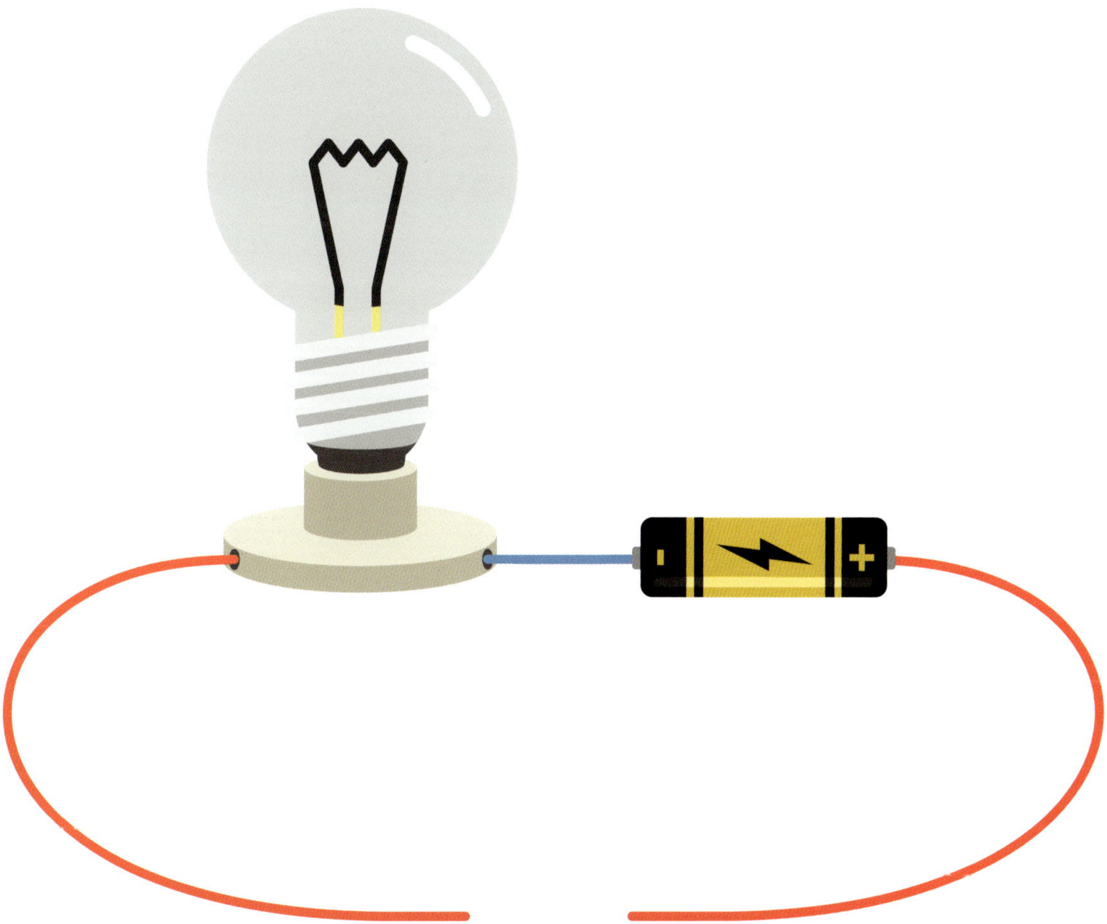

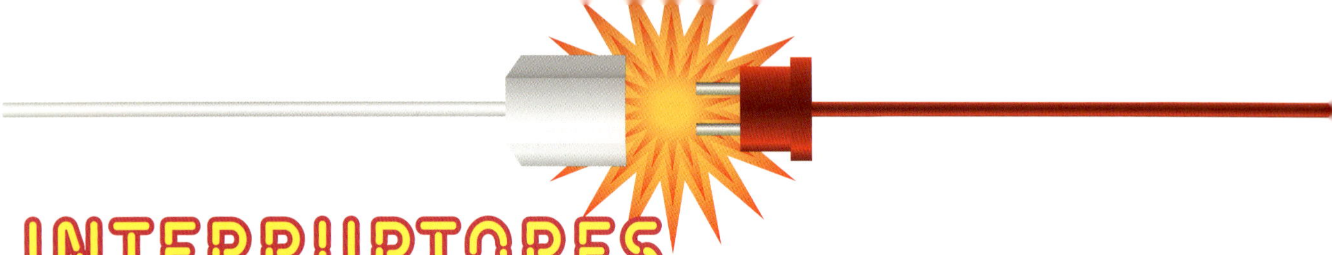

INTERRUPTORES

Los circuitos a menudo tienen interruptores. Los interruptores rompen la corriente sin desconectar los cables.

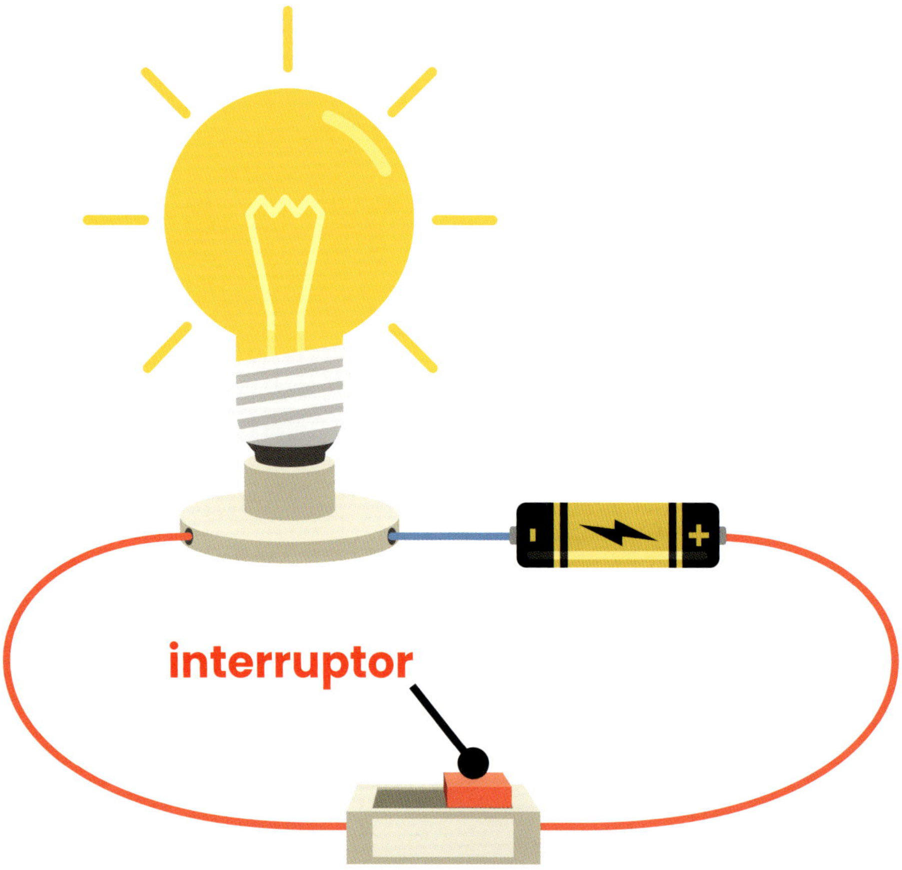

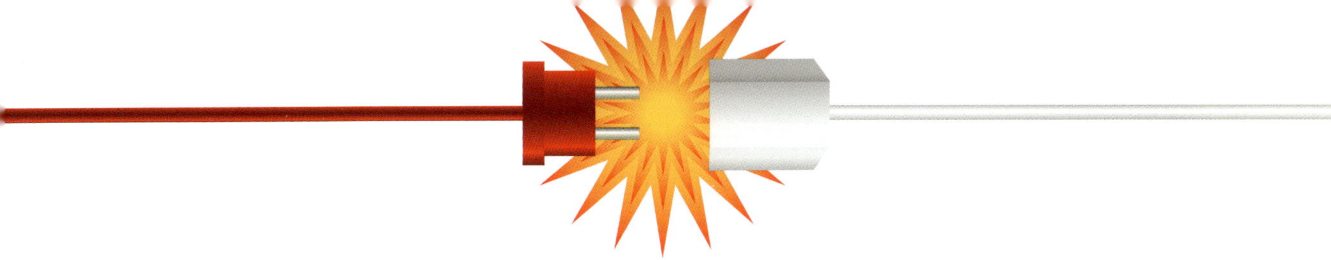

Los interruptores cambian los aparatos eléctricos de encendido a apagado.

CONDUCTORES

La electricidad fluye fácilmente a través de materiales llamados **conductores**. Los metales son conductores. Los circuitos comúnmente usan cables de metal.

oro

plata

cobre

hierro

El oro, la plata, el cobre y el hierro son ejemplos de conductores.

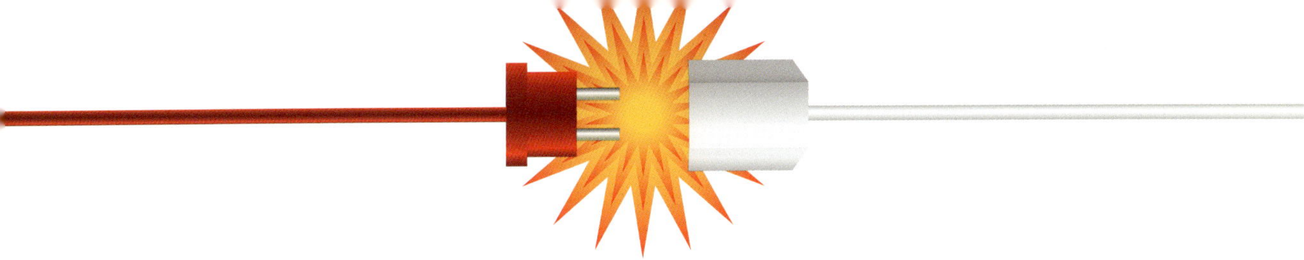

Los circuitos frecuentemente tienen una cubierta plástica o de goma. Estos materiales, llamados **aislantes**, impiden que la electricidad pase.

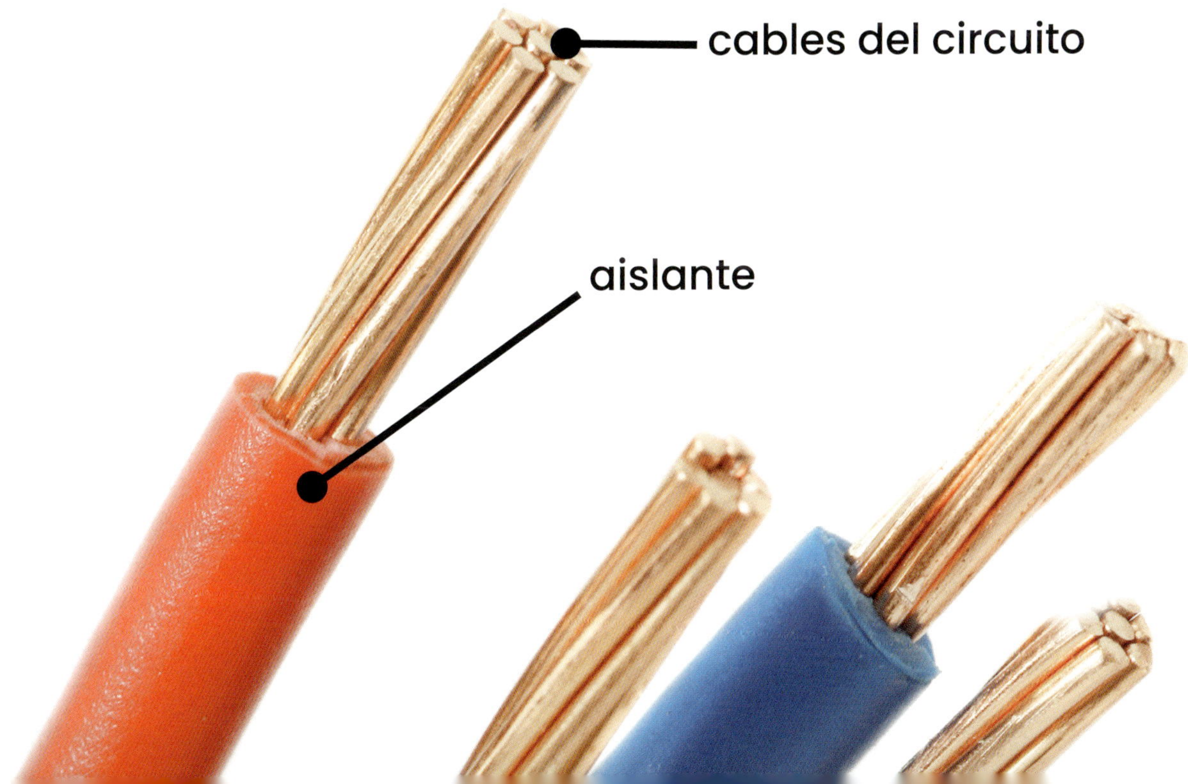

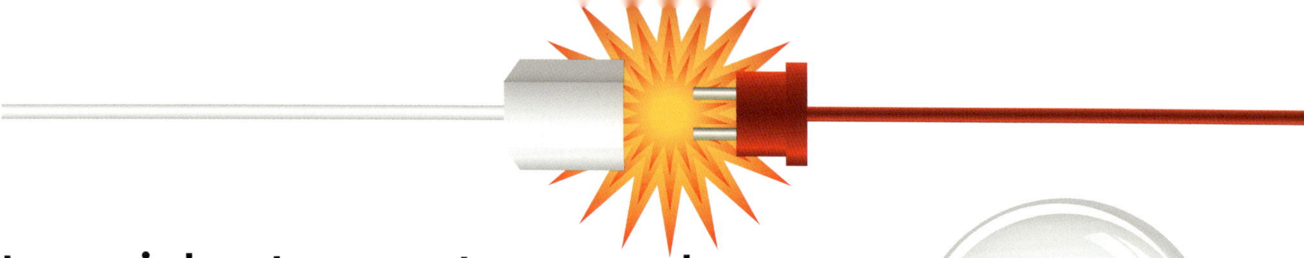

Los aislantes protegen a las personas y a las cosas de descargas eléctricas y de los cables calientes de los circuitos.

La goma, el plástico y el vidrio son todos aislantes.

La electricidad alimenta todo, desde los teléfonos y las luces de la ciudad hasta las computadoras.

La vida moderna se vería
muy diferente sin ella.

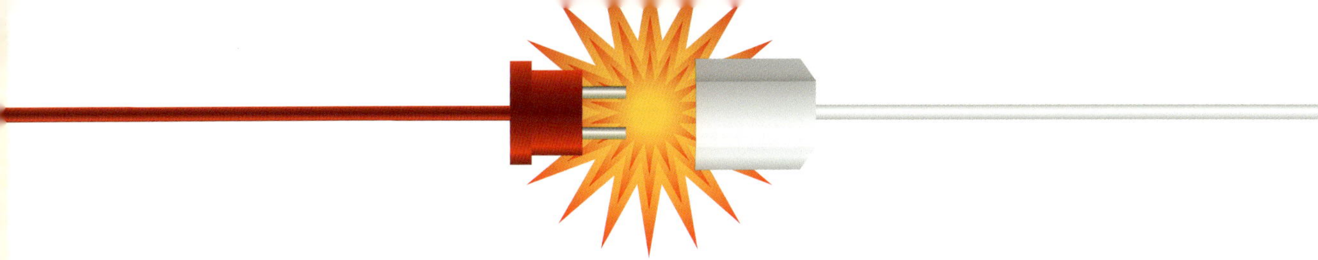

DIBUJA UN CIRCUITO

Mira las partes del circuito debajo. Descifra cómo acomodarlas juntas para hacer un circuito completo. Haz un dibujo.

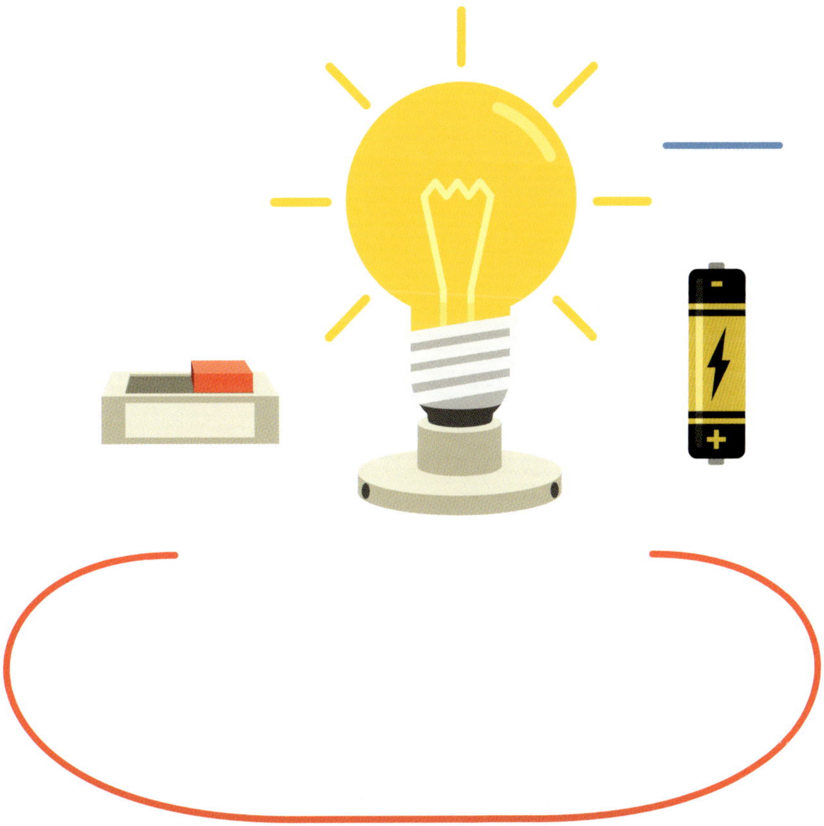

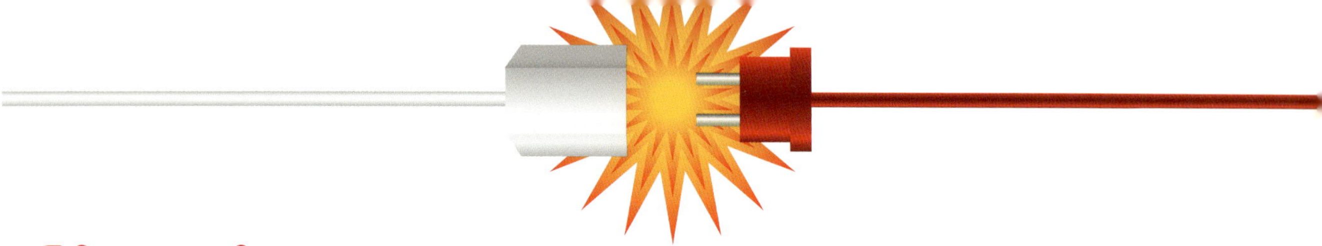

Glosario

aislantes: Materiales a través de los cuales la corriente eléctrica no puede pasar.

batería: Una fuente de energía eléctrica.

circuito: Un camino a través del cual la corriente eléctrica viaja.

conductores: Materiales a través de los cuales la corriente eléctrica se mueve fácilmente.

corriente eléctrica: El movimiento de electricidad de un lugar a otro en una misma dirección.

electricidad: El suministro de energía eléctrica que alimenta a las máquinas y produce luz y calor.

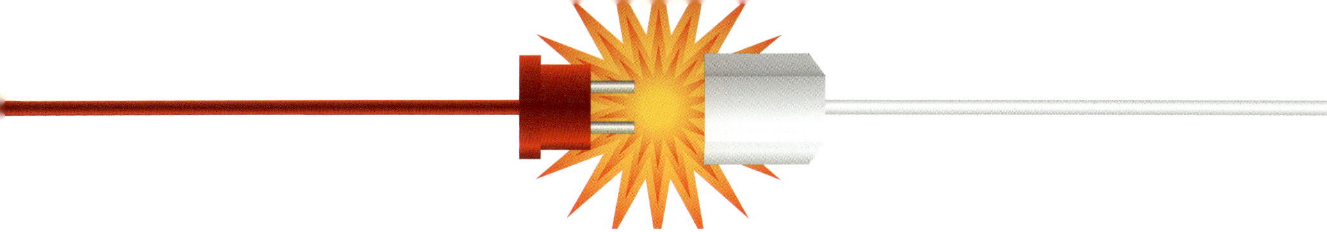

electricidad estática: Electricidad que se queda en un lugar, con frecuencia causado por dos materiales que son frotados entre sí.

energía: La potencia que produce calor y hace funcionar a las máquinas.

Índice analítico

Apoyos de la escuela a los hogares para cuidadores y maestros

Este libro ayuda a los niños en su desarrollo al permitirles practicar la lectura. Abajo están algunas preguntas guía para ayudar al lector a fortalecer sus habilidades de comprensión. En rojo hay algunas opciones de respuesta.

Antes de leer:

- **¿De qué pienso que tratará este libro?** *Pienso que este libro es sobre cómo la electricidad es importante en nuestra vida diaria. Pienso que este libro es sobre datos inusuales sobre la electricidad.*
- **¿Qué quiero aprender sobre este tema?** *Quiero aprender cómo ser un electricista. Quiero aprender cuándo y cómo fue descubierta la electricidad.*

Durante la lectura:

- **Me pregunto por qué...** *Me pregunto por qué los cables eléctricos tienen cables de metal en medio y un recubrimiento de goma alrededor. Me pregunto por qué las lámparas y los electrodomésticos tienen interruptores de encendido y apagado.*
- **¿Qué he aprendido hasta ahora?** *Aprendí que las plantas eléctricas producen grandes cantidades de electricidad y son parte de un largo circuito. Aprendí que la batería es una fuente de poder.*

Después de leer:

- **¿Qué detalles aprendí de este tema?** *Aprendí que un relámpago es electricidad estática. Aprendí que la electricidad es una energía que alimenta las cosas en nuestras casas.*
- **Lee el libro de nuevo y busca las palabras del glosario.** *Veo la palabra **circuito** en la página 14 y la palabra **aislantes** en la página 23. Las demás palabras del vocabulario están en las páginas 30 y 31.*

Library and Archives Canada Cataloguing in Publication
Title: Electricidad diaria, impactante pero real / Julie K. Lundgren ; traducción de Sophia Barba-Heredia.
Other titles: Everyday electricity. Spanish
Names: Lundgren, Julie K., author. | Barba-Heredia, Sophia, translator.
Description: Series statement: Mi mundo y la ciencia: Nivel 2 | Translation of: Everyday electricity. | Includes index. | "Un libro de el semillero de Crabtree". | Text in Spanish.
Identifiers: Canadiana (print) 2021026134X | Canadiana (ebook) 20210261358 | ISBN 9781039620711 (hardcover) | ISBN 9781039620780 (softcover) | ISBN 9781039620858 (HTML) | ISBN 9781039620926 (EPUB) | ISBN 9781039620995 (read-along ebook)
Subjects: LCSH: Electricity—Juvenile literature. | LCSH: Electric circuits—Juvenile literature.
Classification: LCC QC527.2 .L8618 2022 | DDC j537—dc23

Library of Congress Cataloging-in-Publication Data
Available at the Library of Congress

Crabtree Publishing Company
www.crabtreebooks.com 1–800–387–7650

Published in the United States
Crabtree Publishing
347 Fifth Ave.
Suite 1402-145
New York, NY 10016

Published in Canada
Crabtree Publishing
616 Welland Ave.
St. Catharines, Ontario
L2M 5V6

Written by Julie K. Lundgren
Translation to Spanish: Sophia Barba-Heredia
Spanish-language layout and proofread: Base Tres
Print coordinator: Katherine Berti
Printed in the U.S.A./092021/CG20210616

Print book version produced jointly with Blue Door Education in 2022

Photo credits: Cover©Triff; header graphic ©joingate; page 4/5 © Rawpixel.com, page 6/7 © John D Sirlin; page 8 © Hallgerd; page 9 © gritsalak karalak; page 10/11 © Artkot, Gilmanshin, GraA-Sa Victoria; page 12/13 © Edin Ramic; page 15, 18, 19, 20 and 29 © yusufdemirci, page 16/17 © Thani Normai; page 21 © Jouke van Keulen, page 22 ring © skylines, penny © rsooll, fork © eMPe, key © vovan; page 23 © sydeen; page 24 © Marynchenko Oleksandr, and MilaLiu; page 25 © Francescomoufotografo, page 26-27 © Songquan Deng. Page 28 © Federico Rostagno. All images from www.Shutterstock.com